AF455473

FERME-MODÈLE DES BOUCHES-DU-RHONE.

RAPPORT

SOUMIS

AU CONSEIL-GÉNÉRAL.

Session de 1842.

MARSEILLE.

TYPOGRAPHIE DES HOIRS FEISSAT AÎNÉ ET DEMONCHY,

IMPRIMEURS DE LA VILLE ET DU COMMERCE,

rue Canebière, 19.

1842.

RAPPORT

DE

LA COMMISSION DE SURVEILLANCE

PRÈS

LA FERME-MODÈLE DES BOUCHES-DU-RHONE.

Session de 1842.

FERME-MODÈLE DES BOUCHES-DU-RHONE.

RAPPORT

FAIT

A Mr LE PRÉFET DES BOUCHES-DU-RHONE,

AU NOM

DE LA COMMISSION DE SURVEILLANCE

PRÈS LA FERME-MODÈLE

DU DÉPARTEMENT;

Par Mr **PLAUCHE**,

Secrétaire de la Commission.

Monsieur le préfet,

L'Agriculture française a depuis le commencement de ce siècle fait d'immenses progrès ; ce mouvement régénérateur est dû au rapprochement qui s'est opéré entre les hommes de science et les hommes de pratique. Pendant long-temps les uns et les autres s'obstinèrent à travailler séparément : les premiers cherchant à ramener l'agriculture à des principes certains et raisonnés, les derniers cultivant le sol machinalement sans autre guide que les traditions de leur père, privés comme eux de l'instruction nécessaire pour améliorer d'anciens usages dont ils ne savaient pas même se rendre compte. La fusion de l'homme de la science et de l'homme du métier a dû amener de grandes améliorations dans le système de culture, soit par l'introduction de meilleurs assolemens, soit par l'adoption d'instrumens aratoires perfectionnés.

Mais si les progrès de l'agriculture en France sont évidens, leur inégale répartition est une vérité non moins incontestable. Certaines parties du royaume possédaient un plus grand nombre de ces hommes éclairés qui se sont dévoués à l'amélioration de l'agriculture, et se trouvaient aussi favorisées d'un climat plus propice à l'admission sur leur sol d'un plus grand nombre de plantes; circonstance qui a permis toutes les ingénieuses combinaisons de culture qui ont donné naissance aux assolemens. Les départemens du nord de la France ont dû entrer les premiers dans cette voie, qui, d'ailleurs, leur était ouverte par les Belges leurs voisins, initiés depuis long-temps aux secrets de la culture alterne. La prospérité agricole du nord de la France éveilla l'attention des cultivateurs des autres parties du royaume, et sur divers points apparurent des exploitations, à la tête desquelles des hommes distingués donnèrent l'exemple d'une imitation de la culture du Nord, imitation qui, bien qu'imparfaite, à cause des nombreuses modifications nécessitées par les différences de sol et de climat, apportait cependant une grande amélioration à la culture du pays. Ces tentatives présentaient plus de difficultés dans le midi de la France, en raison des obstacles qui résultent de la température si constamment sèche pendant près de huit mois de l'année. Toutefois la supériorité de produits mûris sous l'influence d'un soleil qui ne fait jamais défaut, ont été pour les habitans du Midi une véritable prime d'encouragement; avec leur esprit vif, avec cette intelligence qui leur est naturelle, ils ont surmonté tous les obstacles, et l'on peut dire aujourd'hui que l'agriculture du midi de la France est, sur beaucoup de points, bien plus avancée que celle du centre du royaume. En ce qui concerne les départemens formés par l'ancienne Provence, le Var est celui qui offre le plus grand nombre d'exploitations dirigées d'après les principes de l'école moderne.

Dès que l'effet produit dans divers cantons à la suite du bon exemple donné par quelques hommes éclairés exploitant eux-mêmes leurs fonds de terre a été connu, lorsqu'on a pu se convaincre qu'un bon procédé de culture ne tardait pas à être imité dès l'instant que ses avantages étaient matériellement démontrés par des faits produits dans la localité même, on a pensé avec raison que le moyen le plus puissant de propagation des saines pratiques agricoles, était la création d'établissemens publics destinés à donner dans les parties du territoire où ils seraient fondés, l'exemple des modifications possibles au système de culture ancien, pour le ramener sans secousse et par une transition presque insensible à la culture alterne moins épuisante et plus profitable. Ces établissemens ont pris le nom de *Fermes-modèles* ou celui de *Fermes exemplaires*, nom qui les distingue d'autres établissemens plus anciens connus sous celui de *Fermes expérimentales*, très-bien nommées, parce que alors dans ces fermes on avait en vue la recherche d'un meilleur mode de culture, tandis qu'aujourd'hui il ne s'agit pas d'aller à la découverte d'un système qui heureusement a été trouvé, mais bien de modifier ce système de manière à démontrer que son application est possible dans toutes les parties de la France, avec les changemens que nécessitent dans chaque localité le sol et le climat.

Le département des Bouches-du-Rhône, quoique moins avancé que celui du Var, a cependant participé au mouvement progressif qui a été imprimé depuis 15 ans à l'agriculture du Midi par la presse agricole; mais ce mouvement, trop lent encore, avait besoin d'être soutenu et de recevoir une nouvelle impulsion. En portant votre sollicitude, M. le Préfet, sur la création d'une Ferme-modèle dans les Bouches-du-Rhône, en obtenant du Conseil-général les allocations indispensables pour sa fondation, vous avez rendu un éminent service à l'agriculture provençale, et doté le département d'un établissement qui répond à un véritable besoin du pays. La Commission de Surveillance près la Ferme-modèle jalouse de justifier votre confiance n'a rien négligé pour seconder vos vues bienfaisantes, et m'a chargé, pour la troisième fois, de venir en son nom vous faire l'exposé de la situation de l'établissement agricole de la Montaurone.

Je vais essayer de remplir cette tâche, qui devient chaque année plus difficile en raison des développemens que prend cette exploitation. Je tâcherai de classer les nombreux élémens que j'ai sous les yeux de manière à éviter la confusion, et je m'efforcerai surtout de les réduire aux proportions exigées par les limites qui me sont imposées. Plus que jamais, Monsieur le Préfet, je sens le besoin de réclamer cette bienveillance avec laquelle vous avez accueilli nos précédens rapports.

Les élémens à ma disposition sont :

1° Les rapports trimestriels de M. le Directeur de la Ferme-modèle ;

2° Les résultats de l'examen de la comptabilité tenue en parties doubles dans cet établissement ;

3° Les observations faites sur les lieux par la Commission de Surveillance dans sa visite annuelle à la Montaurone, qui a eu lieu cette année le 18 juillet.

Considérations générales sur la Montaurone.

La Commission doit se hâter de constater que la Ferme-modèle est en voie de progrès. Tout ce qu'il était possible d'espérer dans un espace de temps aussi court que celui qui s'est écoulé depuis sa fondation a été obtenu. En agriculture les résultats sont lents à se produire, et rien de bon ne peut se réaliser si le temps n'entre pas comme l'un des principaux élémens dans les moyens employés. C'est l'école rurale surtout qui, la première, semble répondre de la manière la plus satisfaisante aux efforts que M. de Bec ne cesse de faire pour donner à l'établissement qu'il dirige le degré d'utilité qu'ont eu en vue ses fondateurs.

Instituée en janvier 1840, la Ferme-modèle est arrivée aujourd'hui au terme où elle commence à peine à recueillir les fruits de la seconde récolte, dont il n'est même pas encore possible d'apprécier la valeur; toutefois, les travaux exécutés, les faits accomplis dans un espace de temps aussi court, parlent déjà assez haut et présentent l'ensemble des opérations de la Ferme sous un jour très-favorable.

La Montaurone est située dans une partie du département où, selon l'antique usage, la jachère nue alterne avec une récolte de céréales, où les difficultés locales dépendantes de la nature du sol semblaient interdire l'emploi des instrumens aratoires perfectionnés, où il est impossible de se procurer des engrais autrement qu'avec les ressources de chaque ferme ; enfin, elle est située dans une partie du département la moins avancée dans l'industrie agricole ; canton très-arriéré où sont ignorés les moyens de varier les récoltes et toutes les ressources qu'offre l'établissement des prairies artificielles.

La routine, qui domine l'agriculture du pays, régnait aussi en souveraine dans le domaine de la Montaurone, et l'on peut dire, en restant au-dessous de la vérité, que là plus qu'ailleurs le vieux système de culture, avec tous ses défauts, se montrait dans toute sa nudité, protégé qu'il était par un fermage perpétué pendant quarante années.

Après deux ans et demi seulement d'existence, la Ferme-modèle présente déjà un aspect tout différent. Les terres arables ne laissent apercevoir aucune trace de la jachère, l'emploi des instrumens perfectionnés y est exclusif et grandement apprécié, et il ne reste aucun vestige des anciennes charrues. Les prairies artificielles fournissent pour la nourriture du bétail des ressources qui se sont élevées cette année à plus de 14,000 kilog., obtenus tout-à-fait en dehors des prairies à l'arrosage et sur des terres naturellement très-sèches.

Les soins donnés à la confection des engrais en ont quadruplé la masse. Les plantes industrielles commencent à prendre rang dans les cultures ; une grande partie du sol est déjà soumise à des assolemens réguliers ; les céréales occupent une place plus avantageuse dans la rotation des cultures, et ne reviennent sur le même sol qu'à des intervalles beaucoup plus éloignés que par le passé. Sous ce régime réparateur, loin d'épuiser jusques au dernier atome de sa fécondité, comme cela arrivait sous l'ancien système de culture, chaque pièce de terre augmente annuellement sa richesse en donnant cependant des produits plus abondans.

La Ferme-Modèle est aussi appelée à rendre un grand service à la Provence par le bon exemple que donne M. De Bec, en s'occupant tous les ans du reboisement des parties de la Montaurone accidentées, incultes et peu favorisées sous le rapport de la qualité du sol. Il a été depuis long-temps reconnu que la famille des conifères pouvait seule fournir les moyens de repeupler les parties montagneuses de la Provence, aujourd'hui tellement dénudées que sur plusieurs points elles montrent la roche à découvert, la terre ayant été entraînée par l'action des pluies : déplorables effets de la main destructive de l'homme, qui en a enlevé les arbres dont les racines retenaient le sol. Le pin d'Alep est l'essence qui s'accommode le mieux de notre température sèche; une couche très mince de terre suffit à sa végétation, ses racines traçant dans tous les sens et pénétrant dans toutes les fissures des rochers à une grande profondeur, préservent cet arbre des atteintes de la sécheresse. La transplantation et les semis sont les seuls moyens pour opérer le reboisement par les pins. La transplantation avait donné jusqu'à ce jour des résultats si peu satisfaisans, que beaucoup d'agronomes pensaient que le pin ne pouvait pas être transplanté. On s'était donc rejeté sur les semis; mais ici encore les meilleures conditions de leur succès n'étaient pas bien connues et beaucoup de plants périssaient après avoir levé. M. De Bec dans un rapport publié par la Commission de surveillance dans les *Annales Provençales*, en fesant l'exposé de sa pratique, a fait connaître les véritables causes du non succès des reboisemens essayés avec le pin d'Alep.

En ce qui concerne les semis, les observations faites par M. de Bec lui ont démontré que le jeune pin en sortant de terre doit être abrité et soustrait à l'influence du soleil, c'est-à-dire être placé à l'ombre d'un arbuste ou d'un autre arbre, d'où il a conclu que lorsqu'on veut se livrer à une opération de reboisement par les semis, il faut avant tout s'efforcer de peupler le sol en arbustes divers, tels que le genêt, l'ajonc, etc. Le jeune pin protégé par l'ombre de ces végétaux, peut échapper pendant le premier été à l'action meurtrière des rayons du soleil, et les années suivantes il est assez fort pour les braver.

Relativement à la transplantation, M. de Bec a

fait aussi une observation très-judicieuse. La principale racine du jeune pin se termine par un petit tubercule de forme arrondie, et de nature spongieuse qui paraît appelé à remplir des fonctions indispensables à l'existence de cet arbre; puisque M. de Bec a constaté que lorsqu'en arrachant le jeune pin, pour le transplanter, on n'a pas le soin de conserver ce tubercule inctact, l'arbre a beaucoup de peine à reprendre et, dans ce cas, lors-même qu'il ne meurt pas, il se rabougrit et offre toujours l'aspect d'une chétive existence.

La culture de la vigne est aussi l'objet de notables améliorations: la Commission a remarqué les belles plantations faites par M. de Bec, en bandes espacées (*oulières*), selon l'usage adopté en Provence, mais à un seul rang, méthode qui permet à la charrue d'approcher les ceps de très-près, et qui ne laisse que très-peu à faire à la bêche pour les façons à donner à ce précieux arbuste. L'adoption du sécateur pour la taille de la vigne a aussi été la source d'une grande économie. L'empressement qu'ont mis plusieurs fermiers du voisinage à se servir de cet instrument démontre que les bons exemples donnés par la Ferme-modèle seront suivis toutes les fois que leur appréciation sera facile. L'élève mieux entendue des animaux domestiques, les produits satisfaisans de la basse-cour, l'éducation des vers à soie par les procédés de la nouvelle école, et la rapidité des moyens de dépicage des céréales introduits l'année dernière à la Montauronne, constatent une série de véritables progrès, dont l'imitation plus ou moins éloignée, ne saurait manquer d'exercer une influence salutaire sur l'agriculture du département.

De tous les modes d'enseignement, l'exemple est le plus persuasif; aussi les travaux de la Ferme ont-ils déjà produit des effets très-sensibles dans le canton; deux influences bien marquées se font sentir, l'une morale, l'autre matérielle. La première se révèle par cette confiance qui devient de jour en jour plus grande dans les procédés suivis à la Montaurone, confiance qui prend sa source dans cette persuasion qui s'insinue peu à peu dans les esprits sans qu'on y prenne garde, et finit par faire adopter les principes dont on voit les heureuses conséquences se traduire en faits profitables, sans qu'il soit nécessaire d'apporter d'autres motifs de conviction que le simple entraînement. Cette influence morale qui, dans les améliorations agricoles, doit précéder l'application pratique, se fait déjà sentir dans le voisinage de la Ferme-modèle et s'étend même sur un rayon assez éloigné; elle résulte de plusieurs causes. L'aspect que présentent les champs de la Montaurone, au temps où les produits les recouvrent, les publications qui rendent compte des travaux qui s'y exécutent, et le retour des élèves dans leurs familles, sont les principales. Le grand nombre d'agriculteurs qui viennent visiter la Ferme pour y puiser des renseignemens, la correspondance du directeur qui s'agrandit de jour en jour, et dans laquelle des explications ou des indications lui sont demandées sur les nouvelles méthodes mises par lui en pratique, sont autant de témoignages flatteurs, qui attestent la confiance qu'inspirent les premiers succès du directeur.

On peut dire que, dans les parties du territoire du département les plus voisines de la Ferme, il y a commencement d'ébranlement dans les idées agricoles et une sorte d'entraînement vers un meilleur ordre de choses. Ce mouvement vers le progrès descend du grand au petit propriétaire : l'un s'attache à saisir l'ensemble des opérations dans la vue d'y puiser un système dont il puisse faire l'application à ses propriétés; l'autre, plus modéré dans ses désirs, se borne à saisir un procédé utile qu'il ignorait, ou à faire la découverte d'une culture nouvelle dont il puisse s'approprier les profits.

Sous le rapport de l'influence matérielle, les bons effets de la Ferme-modèle sont encore plus saillans, attendu que cette influence se manifeste par des faits bien plus faciles à vérifier.

La Montaurone est entourée d'exploitations diverses : d'un côté, ce sont de grands domaines dont les cultures sont dirigées par leurs propriétaires, de l'autre de moindres héritages exploités par des fermiers ; sur un troisième point des limites de la

Montaurone se trouvent une multitude de petits biens ruraux cultivés par leurs possesseurs. En comparant l'état actuel de ces diverses exploitations avec celui dans lequel elles se trouvaient avant l'établissement de la Ferme-modèle, on est forcé de reconnaître un grand changement. L'emploi des instrumens perfectionnés est adopté dans tous les grands domaines où ils étaient généralement inconnus, les engrais y sont mieux soignés, une révolution commence à s'opérer dans l'ordre des cultures; et les vieilles habitudes tendent continuellement à perdre de leur puissance. Ce mouvement salutaire s'étend même chez les fermiers, et les plus intelligens parmi eux commencent à marcher avec le progrès; chez eux une grande charrue à versoir et soc moderne remplace l'ancienne charrue du pays et contribue à abréger toutes les cultures; quelques-uns même commencent à remplacer une partie de la jachère par les plantes industrielles. La petite propriété cède aussi à l'impulsion donnée en adaptant des assolemens à sa culture tout exceptionnelle.

La Ferme-modèle a également fait sentir son action régénératrice sur la partie industrielle de l'agriculture. Dans la grande comme dans la petite propriété, l'imitation des procédés suivis à la Montaurone avec tant de succès pour l'éducation des vers à soie a été tentée; les filets en papier pour les délitemens ont été généralement adoptés, et des améliorations plus ou moins heureuses suppléent, chez un grand nombre d'éducateurs, à l'impuissance d'introduire un système plus complet. L'élève et l'engraissement des porcs, facilités par l'introduction à la Montaurone de la race anglo-chinoise, sont commencés hors la Ferme avec les produits de sa porcherie, et de nombreuses demandes sont faites au directeur pour les produits à venir.

Telle est, Monsieur le préfet, l'idée générale que la Commission de surveillance s'est faite de l'ensemble des faits qui résument la situation morale de la Ferme départementale; nous allons examiner d'une manière succincte les faits matériels, et entrer dans quelques développemens qui serviront de preuves aux idées générales que nous venons d'émettre.

Situation financière de l'établissement.

La situation financière de la Ferme-modèle est le premier objet qui nous a paru devoir être mis sous vos yeux. Les chiffres ont l'immense avantage de rendre les faits plus saisissables en les matérialisant. M. le directeur de la Ferme-modèle, dans son rapport du premier trimestre 1842, établit la situation financière de la Montaurone au 31 décembre 1841, de la manière suivante :

Le capital d'entrée de l'année 1841, en y comprenant l'inventaire et tout ce qui forme l'actif de l'exploitation de la Montaurone, se composait :

1° De la valeur des objets mobiliers, appartenant soit à l'exploitation, soit à l'usage de la Ferme pour les besoins du ménage ou de l'école, soit aux magasins, pour une somme de .... F. 7,594 77

2° De la valeur des capitaux fonciers, tels que les constructions rurales, les plantations diverses et les améliorations faites depuis l'ouverture de l'établissement, pour une somme de 5,962 58

3° De la valeur des capitaux vivans attachés à l'exploitation, pour la somme de... 4,223 60

4° Enfin, de la valeur des avances faites pour les diverses récoltes, pour la somme de................................ 8,274 26

Le capital d'entrée formait ainsi un total de.............................. F. 26,055 21

Au 31 décembre le capital de sortie, après inventaire fait et tout le passif soldé, s'est trouvé avoir :

1° Pour valeur mobilière..	8,233 95
2° Pour valeur des capitaux fonciers..	10,153 50
3° Pour valeur des capitaux vivans....	5,630 40
4° Pour valeur des avances pour récolte 1842	7,287 15
Total du capital de sortie...... F.	31,305 »

L'augmentation sur le capital d'entrée est de 5,249 f. 79, la balance du compte *pertes et profits* donne précisément cette somme en bénéfice.

Cette augmentation porte :

Sur la valeur mobilière,

Sur les capitaux fonciers,

Sur les capitaux vivans.

La valeur pour avances des récoltes se trouve moindre; ce n'est pas que les travaux aient été moins actifs et les cultures moins étendues : la différence vient de ce que dans les avances de 1841 figuraient des dépenses pour cultures anciennes, telles que *cardères* 1839, qui ont été soldées par les produits pendant l'année, et qui par conséquent ont disparu des comptes pour avances 1842.

Le compte *pertes et profits* donne 23 comptes en perte et 24 en bénéfice, et se balance lui-même en bénéfice, comme nous venons de le dire, de la somme égale à l'augmentation du capital de sortie. Cette balance de F. 5,249 79 n'est point toutefois l'expression du revenu net de l'exploitation. Si nous voulons rechercher et obnir ce rendement net, après toutes dépenses et impositions soldées, nous trouverons d'abord que le compte *maître* a fourni une fois la somme de F. 2,942 19 pour couvrir un déficit de *caisse*, et qu'en réglement de compte de fin d'année la *caisse* a rendu au compte *maître* un reste de F. 343 74, ce qui réduit les avances faites à la somme de 2,598 45; cette somme étant déduite de la balance de *pertes et profits*, il resterait pour bénéfice net F. 2,551 35; mais dans le courant de juillet, la somme de F. 233 60 qui faisait partie du capital d'entrée, comme réliquat destiné à compléter l'achat des instrumens aratoires et de la bibliothèque agricole, a été retirée par le département et passée au compte du Directeur, pour lui solder un remboursement. En conséquence, ces F. 233 60 qui ont été reçus par le compte *maître*, en décharge du capital, étant étrangers aux produits de l'exploitation, doivent encore être retranchés de la somme des profits; cette déduction met le revenu net à F. 2,417 75; l'intérêt du capital foncier de F. 110,000 n'est donc payé qu'au 2 ¼ p. %.

Examen de la comptabilité en parties doubles.

Dans ses précédens rapports, la Commission de surveillance a fait ressortir toute l'importance de l'application de la comptabilité commerciale à l'agriculture. Convaincue des avantages qui doivent résulter de son adoption, elle ne saurait trop insister sur la nécessité d'une tenue régulière et intelligente des livres de comptabilité, destinés à présenter sous leur vrai jour, les faits qui se produisent dans l'exploitation. Une ferme de l'importance de la Montaurone peut être considérée comme une véritable manufacture de produits divers, qu'on n'obtient qu'à la suite d'une série d'opérations tres-variées dont il est indispensable de constater les résultats, pour pouvoir, en définitive, connaître d'une maniere exacte le prix de revient de chacun de ces produits. Ces résultats sont d'autant plus difficiles à apprécier, qu'ils dérivent de diverses causes et dépendent en grande partie de l'influence des saisons que l'exploitant est forcé de subir.

Pénétrée de l'utilité d'une comptabilité régulièrement tenue, la Commission a désigné, dans sa séance du 26 février 1842, deux de ses membres, pour vérifier conjointement avec son secrétaire les livres tenus à la Montaurone, pendant l'année 1841. Un examen scrupuleux a fait connaître que la comptabilité était la partie faible de l'établissement. Cette comptabilité, telle qu'elle a été présentée à la Commission, démontre que M. le directeur qui sous tant d'autres rapports, possède les connaissances et les qualités désirables dans sa position, n'attache pas à la tenue des livres en partie double toute l'importance qu'elle mérite. On ne saurait expliquer autrement les imperfections et la manière peu satisfaisante dont les comptes sont établis. En ce qui concerne les produits, les comptes sont ouverts à chaque pièce de terre, au lieu de l'être par espèce de récolte, en sorte que ces divers comptes pris isolément présentent un résultat insignifiant et il faut un travail très-long pour pouvoir connaître ce que coûte et ce que rend chaque espèce de culture; sur les observations de la Commission, M. de Bec s'est empressé de faire ouvrir, par un virement de chiffres, de nouveaux comptes pour chaque nature de production de quelque importance. Et un seul compte a été ouvert sous le titre de produits divers, dans lequel ont été réunies toutes les petites rentrées.

Il a été aussi remarqué que la comptabilité ne mentionnait aucune des sommes payées par le département; cette anomalie sera réparée l'année prochaine, cette manière d'opérer doit nécessairement vicier les résultats. Pour ne citer qu'un exemple, le compte des élèves se balance en perte d'une somme de 1,093 fr. 64 c., parce qu'il n'est crédité que de la valeur du travail fait dans la Ferme par les élèves. Mais il est évident que si on avait aussi crédité les élèves de la somme payée par le département pour les deux bourses qui sont occupées, et de la rétribution payée par les autres élèves que M. de Bec reçoit directement, ce compte se balancerait en bénéfice, comme cela doit être en réalité. Car comment admettre que des adultes de l'âge de ceux qui sont attachés à la Ferme en qualité d'élèves, dont la plupart, du moins ceux du département, paient une rétribution, deviennent une charge pour la Ferme-modèle, alors surtout qu'il est constaté qu'ils s'occupent au moins demi-journée chaque jour à des travaux manuels, qu'on ne pourrait exécuter sans augmenter les forces actives de la Ferme? C'est là un fait évidemment erroné, qu'à l'avenir la comptabilité ne doit plus présenter.

Des observations d'une moindre importance ont été faites à M. le directeur, et la Commission doit lui rendre cette justice qu'il s'est empressé d'y faire droit.

La Commission a puisé dans la comptabilité les résultats suivans des principaux produits de la Ferme, dans le courant de l'année 1841.

Blé. — Récolte 1841.

Le blé occupait un espace de 18 hectares 50, dont le produit en grain a été de 156 hectol. 77 et en paille de 17,954 kilog.; la force productive du terrain ressort donc à 8^h 47 par hectare en grain et à 970 kilog. paille.

Ce compte se balance en profit pour une somme de 986 fr. 15, soit 53 fr. 30 c. par hectare.

Avoine. — Récolte 1841.

L'avoine occupait un espace de 3^h 40 ensemencé en octobre 1840; un second ensemencement de ce grain a eu lieu en mars 1841, sur un espace de 2^h 50.

Les 3^h 40 ensemencés en hiver, ont produit 26 hectol. 80 grains et 1,300 kilog. paille, ce qui ressort à 7^h 88 par hectare en grain et à 384 kilog. paille par hectare.

Les 2^h 50 en avoine de printemps ont produit en grain, 26 hectol. 20 et en paille 1,135 kilog.; c'est 10 hectol. 48 en grain et 454 kilogrammes en paille par hectare. Ces deux comptes se balancent en profit. C'est d'une part 38 fr. 40 c. soit 11 fr. 29 par hectare pour l'avoine d'hiver, et 83 fr. 20 c. soit 33 fr. 32 c. par hectare, pour l'avoine de printemps.

Prairies naturelles à l'arrosage.

Les prairies à l'arrosage existant à la Montarone ont été réduites, par suite de divers défrichemens, à 5^{a} 80, espace qu'elles occupaient en 1841. La récolte en fourrage a été de 39,028 kilogrammes, donnant à l'hectare un produit de 6,727 k. représentant une valeur en numéraire de 2,292 fr 95 c.; les frais de récolte et d'entretien ne s'élevant qu'à 534 fr. 20 c., il en résulte un produit net de 1,758 fr. 75 c.; c'est toujours le plus élevé de la Ferme. Ces chiffres rapportés à l'hectare donnent les résultats suivans :

	En 1841.	En 1842.
Produit brut........	F. 395 33	525 23
Frais de culture......	92 10	68 90
Produit net.........	F. 303 23	456 33

La Commission, dans le rapport de l'année dernière, avait fait remarquer que les prairies à la Montaurone n'étaient point fumées; elle avait prédit une baisse sensible sur les produits futurs, si on persistait à ne pas rendre chaque année aux prairies, soit les sels qu'emportent les arrosages, soit l'humus consommé par les plantes qui les constituent. Les résultats de l'année 1841, mis en regard de ceux de 1840, semblent déjà constater les prévisions de la Commission : 6,727 k. fourrage obtenus par hectare, au lieu de 7,765 kilog., soit une différence de 29 fr. 90 c. par hectare sur le produit brut, dénotent une baisse réelle qui ne pourra que s'accroître si les prairies continuent à être soumises au même régime.

M. de Bec a commencé cette année à fumer une partie de ces prairies à l'arrosage, et c'est ce qui élève les frais de culture de 23 fr. 20 c. par hectare, sur l'ensemble de cette récolte. Mais cette fumure n'ayant été faite que sur une trop petite échelle, ½ hectare, elle n'a pas pu influer sur le produit général. Il paraît même, d'après le rapport de M. de Bec du 4me trimestre 1841, que cette partie de prairie, dont le compte a été suivi a part, n'a pas donné un produit net aussi fort que la partie non fumée, à cause de la valeur des engrais, qui a dû être comptée. Ce fait ne saurait encore être concluant; d'abord parce qu'on ne peut pas, dans une épreuve pareille, comparer des résultats obtenus sur un espace de 528 ares, avec ceux recueillis sur une parcelle de terrain aussi minime que 52 ares; en second lieu, comme le dit M. de Bec lui-même dans son rapport, parce qu'il faut suivre l'effet de la fumure pendant plusieurs années pour pouvoir tirer une conclusion rationnelle. La Commission croit aussi que 374 fr. d'engrais par hectare de prairie, représentent une quantité plus forte que celle qu'on applique généralement en Provence. Avec une dose moindre, les effets eussent été plus sensibles sur le produit net.

Prairies artificielles.

La Commission a vu, avec la plus grande satisfaction, l'extension que prend à la Montaurone la culture du sainfoin. 11 hectares consacrés à la culture de cette précieuse plante ont été fauchés en 1841, et ont produit 11,480 kilog. de fourrage, soit 1,043 kilog. par hectare. Il a été en outre récolté sur les mêmes sainfoins 7,440 litres de graine. C'est là sans doute la cause du produit moindre en fourrage qui, récolté seul en 1840 au moment de la floraison, produisit 1,926 kilog. par hectare. Les résultats financiers, réduits à l'hectare, sont :

en 1841,

Produit brut.......	F. 92 31
Dépenses...........	46 64
Produit net.........	F. 45 67

Basse-cour.

Ce compte ne présente, en 1841, qu'un bénéfice de 210 fr. 95 c., bénéfice qui fut en 1840 de 635 fr. 87 c. Cette différence provient de l'élève des dindons qui n'a pas réussi en 1841. Le coq-dinde, difficile à élever dans la basse Provence, est d'un produit très-avantageux lorsqu'on réussit.

Cardères.

Un compte dont les résultats ont fixé l'attention de la Commission, est celui des cardères semées en 1839. Ce compte présente, en 1841, un bénéfice de 764 fr. résultant de la récolte de 2,191 kil. de têtes de cette espèce de chardon recueillis sur 8 hect. de terre, ce qui fait ressortir à 95 fr. 50 c. par hect.

le bénéfice de ce premier à-compte sur le produit de ces huit hectares. On ne pourra bien juger de la véritable importance de cette culture, que lorsque la comptabilité de 1842 fera connaître le solde des produits qui étaient encore sur pied au 31 décembre 1841. Toutefois, on peut dès à présent constater que la culture de cette plante industrielle, qui, d'ailleurs, s'est déjà propagée dans une partie du troisième arrondissement, peut devenir d'un grand secours dans les deux autres, en fournissant aux agriculteurs un moyen de varier leurs produits, et par conséquent de diminuer les chances de perte par la division des risques.

Produits divers.

La Commission a réuni sous ce titre tous les comptes ouverts à différentes productions dont le Directeur a cru devoir se rendre un compte particulier, mais qu'il serait trop long de traiter en détail dans un rapport dont l'étendue est nécessairement limitée. Ces comptes sont au nombre de quinze, dont onze se balancent en bénéfice et quatre en perte; les onze en bénéfice sont :

100 ares	Ers	F.	56	15
»	Osiers		4	70
»	Muriers		74	30
»	Produits forestiers		264	85
46 »	Trèfle sur céréales		36	50
	A reporter	F.	436	50

		Report..... F.	436 50
46 ares	Amandiers........		250 55
250 »	Lentilles..........		35 55
16 »	Pois..............		32 10
120 »	Féveroles.........		25 65
38 »	Sorgho...........		74 95
14 »	Madia............		14 20
		Total.....	F. 869 50

Les quatre comptes qui se balancent en perte, sont :

6 ares	Lin.................. F.	7 35
21 »	Colza.................	17 45
40 »	Pois gris...............	51 90
74 »	Avoine de Georgie sur défrichement de prairies..	141 65
	Total....	F. 218 35

En définitive, ces divers comptes balancés les uns par les autres, donnent un bénéfice de 651 fr. 15 c.

A l'exception des lentilles, qui ont occupé un espace de 2h50, on peut considérer comme essai la culture des diverses plantes qui ont donné lieu à l'ouverture de ces comptes, vu la petite parcelle de terrain qui a été consacrée à chacune d'elles. Sous ce rapport, les résultats de certains comptes sont d'une assez grande importance. Nous avons cru devoir établir les bénéfices de chacune de ces cultures par hectare, dans la proportion des indications ci-dessus. Les voici rangés dans l'ordre du plus fort bénéfice :

Produit net d'un hectare en		Pois. . . . . . F.	200	63
»	»	Sorgho.	197	28
»	»	Madia.	101	42
»	»	Trèfle sur céréales.	79	34
»	»	Ers.	56	15
»	»	Féveroles. . . .	21	37
»	»	Lentilles.	14	22

Cette réduction des bénéfices rapportés à un même espace de terrain, fait ressortir les cultures qui présentent le plus d'intérêt. Le pois serait en première ligne, si toutes les années lui étaient aussi favorables que l'année 1841. Le sorgho paraît aussi devoir fixer l'attention des agriculteurs de ce département, et sa culture doit donner de grands bénéfices là où elle sera bien entendue. Le madia, cette plante étrangère, si facile à cultiver, qui se contente d'un sol peu riche, dont la végétation est si rapide, qui n'occupe le sol que pendant trois mois, nous paraît être une véritable conquête pour le département. On pourra se livrer à cette culture avec d'autant plus de sécurité que presque tous les essais faits convenablement ont eu du succès, et que la vente de la graine du madia est toujours assurée, l'huile qu'elle produit trouvant un débouché certain dans l'industrie savonnière, si importante à Marseille. Le trèfle sur céréale peut aussi offrir de grands avantages; un produit de 79 fr. par hectare n'est pas à dédaigner, alors surtout qu'il résulte d'une augmentation en fourrages, production dans laquelle nous sommes encore si pauvres dans ce département. Les ers donnant 56 fr. 15 c. par hectare peuvent aussi devenir une ressource, quand cette culture sera placée dans des circonstances qui lui seront favorables; mais les féveroles et les lentilles laissent un bénéfice trop minime, pour que ces cultures puissent, dans les conditions où elles se trouvent à la Montaurone, être continuées.

Les résultats des comptes qui présentent perte n'offrent pas un moindre intérêt; décidément le pois gris, qui avait donné quelques espérances en 1840, et le colza doivent être abandonnés. Il en est de même de l'avoine semée sur un défrichement de prairie; combinaison malheureuse qui a donné une perte de 141 fr. 65 c. par hectare. Le lin seul, plante qui prospère dans quelques parties du département, doit continuer à être cultivé comme essai, une perte de 7 fr. 35 c. par hect. étant trop insignifiante pour faire condamner sans retour une culture qui peut devenir avantageuse par la suite. Il faut d'ailleurs y regarder à deux fois avant de renoncer à la production d'une graine oléagineuse qui entrerait d'une manière très-utile dans nos assolemens.

Bêtes à laine.

Le compte du troupeau est un de ceux qui se balancent en perte. Le troupeau du département, composé de 98 têtes mérinos, dont 55 grosses et 43 antenois, a donné une perte de 377 fr. 80 c., et celui de M. de Bec, composé de 30 têtes, de la race du pays, s'est aussi résumé en une perte de 174 fr. 60 c. D'après ces faits, qui se sont reproduits à peu près dans la même proportion depuis la création de la Ferme, il paraît que l'éducation des bêtes à laine à la Montaurone, quelle qu'en soit l'espèce, ne se trouve pas placée dans des conditions favorables, et encore moins celle de la race mérine, dont les produits sont d'un écoulement plus difficile que ceux de la race du pays. Toutefois, il a paru à la Commission que ce défaut de bénéfice provenait de deux causes : 1° de la division du troupeau en deux races, ce qui augmente les frais, vu le peu d'importance du troupeau race du pays; 2° de la somme un peu élevée à laquelle la valeur du parcours à la Montaurone est évaluée. Il a d'ailleurs été remarqué que cette valeur, qui est de 400 fr., a été portée directement au compte du maître, tandis qu'elle aurait dû figurer dans les produits de la Ferme, puisque le troupeau en est débité ; d'où il résulte que la balance du compte des profits et pertes donne un bénéfice moindre que celui qu'il devrait réellement présenter.

La Commission est d'avis que le troupeau de la

race du pays soit supprimé à l'avenir, et que le seul troupeau mérinos, appartenant au département, soit conservé. Le produit des troupeaux en race commune est assez connu pour qu'il soit facile d'établir chaque année des points de comparaison sans s'imposer la nécessité d'entretenir dans la Ferme un petit troupeau de cette race, qui ne sert qu'à augmenter les frais nécessaires à l'entretien du troupeau de la race mérine.

Les troupeaux stationnaires, c'est-à-dire, ceux qui ne transhument pas, donnent en général, dans ce département, un bénéfice au moins égal à la valeur du fumier produit par les brebis qui les composent. L'éducation des bêtes à laine sans transhumance est un fait si important pour l'agriculture provençale, qu'il serait fâcheux que le troupeau de la Montaurone vînt démontrer que cette industrie donne des pertes. Il est donc indispensable que cette question soit examinée avec soin par M. le Directeur, et que les véritables causes du déficit présenté par ce compte soient signalées au public; il est probable qu'elles sont inhérentes à la localité.

Champ d'expérience.

La série d'assolemens prescrite par la Commission sur une partie du champ d'expérience pour toute la durée du bail de M. de Bec, a été établie régulièrement par M. le Directeur; les diverses cultures sur ces petites parcelles de terre poursuivent leurs cours, les comptes ouverts à chaque assolement sont parfaitement tenus, et dès la troisième année il sera possible de commencer à apprécier quelques-uns des faits que la Commission a eu en vue de constater en se livrant à cette expérience. Un fait déjà bien connu en Provence par les bons agriculteurs se trouve confirmé; les mêmes cultures dans chaque assolement présentent une plus belle végétation et donnent des produits plus importans sur la partie du sol soumise au défoncement.

Éducation des Vers à Soie.

L'application des procédés de la nouvelle école séricicole continue à donner des résultats satisfaisans à la Montaurone. Le rapport de M. le Directeur sur les deux éducations comparatives faites en 1842, contient des faits d'une importance réelle, qui démontrent d'une manière irrécusable la supériorité des magnaneries salubres; la Commission a pensé qu'elle ne pouvait mieux faire que de le reproduire en entier pour lui donner une plus grande publicité.

Le rapport fait l'année dernière, à la même époque, a constaté un succès complet que la Commission sut apprécier. Ce rapport a rencontré, je ne sais pourquoi, une opposition d'incrédulité dans un certain monde. Je n'avais cependant exposé que le résumé simple de l'éducation, que des hommes judicieux m'avaient fait l'honneur de venir admirer au moment où les bois étaient couverts de cocons, dont je donnai le compte quelques jours après.

Cette éducation de 1841 s'accomplit sous une température extérieure qui ne nécessita nullement l'emploi du ventilateur. Le calorifère seul fut tenu en activité jusqu'à la fin. Son action permanente suffit pour favoriser la ventilation énergique indispensable à la salubrité des vers à soie. Une telle température, qui est pour nous la conséquence d'un printemps froid et d'une saison mal assurée, apportant toujours de grandes perturbations dans nos magnaneries ordinaires, est sans contredit la plus favorable pour faire valoir les magnaneries salubres. Elles se trouvent alors exactement placées dans les mêmes conditions que dans les pays du Nord d'où les modèles nous en sont arrivés. Construites sous l'inspiration des éducateurs qui avaient à se garantir du froid et de l'humidité, il était naturel que toutes les combinaisons en fussent d'abord plus ingénieusement imaginées pour repousser ces influences. Sous une telle température climatérique, le calorifère seul peut suffire à tous les besoins. En effet, tant que l'atmosphère, dans son maximum de chaleur, reste seulement un degré au-dessous de la température de l'atelier, la transmission d'un air pur et chaud s'y opère avec une extrême facilité, et par son dégagement naturel, il entraîne dans les issues des gaînes supérieures toutes les émanations délétères. La salubrité de la magnanerie étant établie, il n'y a pas nécessité de chercher un autre moyen. C'est ce que nous avons sensiblement éprouvé dans l'éducation de l'année dernière.

Il en est autrement lorsque la température extérieure

atteint un degré déjà trop élevé pour les vers à soie et au-dessus duquel il serait imprudent de porter celle de la magnanerie. Alors tout dégagement naturel devient impossible pour l'air de l'atelier; il reste stagnant. Cet air n'étant plus renouvelé se charge rapidement de vapeurs et de gaz corrompus qui le vicient; et si cet état se prolonge, il ne tarde pas à devenir mortel pour les vers à soie. Cette altération morbifique de l'air s'opère d'autant plus vite que l'atelier contient plus de vers et que l'atmosphère est chargée d'un plus grand nombre d'élémens de fermentation : chaleur et humidité. Ces conditions de pertes prochaines sont fréquentes dans le Midi. Dans le système salubre, le ventilateur ajouté aux magnaneries est destiné à les préserver de ces influences atmosphériques, ou plutôt à en neutraliser les effets. Mais cet appareil, essayé d'abord dans un climat qui n'a pas permis d'en juger toute l'importance, n'a pas été calculé suffisant au besoin réel. Lors de la construction de la magnanerie de la Ferme, l'expérience d'autrui me signala ces défauts. Je n'eus donc aucun égard aux proportions données, je ne m'attachai qu'à l'idée, et j'établis les gaînes conducteurs de l'air et tous les moyens respiratoires sur un système de dimensions plus larges. En même temps les gaînes supérieures d'échappement furent construites sur un plan surbaissé, qui ne permet à aucue partie d'air corrompu de séjourner sans dégagement possible. Par cette disposition, l'atelier ne peut jamais avoir un ferment de corruption. J'ai toujours eu à m'applaudir de ces prévisions. Je les ai mieux appréciées encore dans l'éducation actuelle.

Cette année, pour la première fois, la magnanerie

salubre a eu à repousser les influences mortelles que je viens de signaler.

L'éducation a commencé le 14 mai ; les vers sont montés au bois le 8 juin, c'est-à-dire, le 26e jour à partir de celui de l'éclosion. La température de l'atelier a été constamment maintenue de 19 à 20 degrés Réaum. L'état hygrométrique y a varié de 35 à 70 degrés du commencement à la fin. Pendant ces 26 jours l'atmosphère a présenté les variations suivantes :

N. O.	1 jour.
E. et S. avec brouillard	6
E. et S. orageux	6
E. avec humidité et chaleur	6
S. avec humidité et chaleur accablante.	5
S. avec calme plat	2
TOTAL	26 jours.

Pendant ces 26 jours aucun vent bien déterminé n'a soufflé. Un calme régulier étouffant et se prolongeant jusqu'à deux ou trois heures du soir, depuis la fin de mai, s'est déclaré chaque jour dès le matin. Ce temps, favorable pour la végétation, ne pouvait être plus malsain pour les vers à soie. Pendant cette période, un grand nombre d'éducateurs de l'ouest du département et des cantons voisins ont vu leurs espérances de prochaine récolte s'évanouir en partie ou en totalité. Les plus heureux n'ont obtenu que des produits inférieurs. Par les échantillons qui m'ont été apportés, j'ai acquis la certitude que dans la moitié des cocons le ver était mort de la pourriture ou de la muscardine. On pourrait citer tel éducateur qui, de onze onces d'œufs, n'a eu pour tout produit que 40 kilog. de cocons, ce n'est pas

4 kilog. par once; d'autres qui en ont obtenu seulement 15, et il en est qui, moins persévérans, ont jeté leurs vers lorsqu'ils ont vu le mal qui les gagnait. Ce mal, qui a produit mortalité pendant l'éducation et faiblesse à la montée, a eu pour principe la feuille frappée des brouillards, et pour cause continue l'influence atmosphérique; on ne saurait en douter, car il est à remarquer que les éducateurs retardataires qui ont été assez heureux pour atteindre les vents du N. O. des approches du solstice, ont eu un produit qu'ils n'osaient plus espérer.

Placée dans la mauvaise époque, notre éducation salubre a eu dans les commencemens à neutraliser l'effet des brouillards, et dans la fin à se garantir des temps de touffe.

Jusqu'au seizième jour depuis l'éclosion, le calorifère a parfaitement assaini la magnanerie. Dans cette première période qui comprend les premiers âges, comme dans la seconde qui comprend les derniers, l'atelier a présenté le coup-d'œil le plus satisfaisant. Les vers, occupant à peu près tout le local au cinquième âge, ont été d'une égalité parfaite dans cette mue comme dans les précédentes. Ce bon état dans les ateliers salubres est dû à l'égalité de température et à la précision des délitemens faits au moyen des filets. Divisés en deux classes distinctes, selon l'ordre de leur éclosion, ils ont régulièrement suivi cette marche avec une vigueur remarquable. Cet ensemble de régularité contribue éminemment à la santé des vers; il a été maintenu dans la magnanerie par la facilité qu'elle présente pour le service autant que par l'exactitude des repas.

Vers le milieu du quatrième âge, le calorifère a cessé

d'avoir action pendant la journée ; dès lors il n'a plus agi avec quelque efficacité que la nuit. Le ventilateur a suppléé à ses fonctions depuis le dix-septième jour.

Le tarare primitivement établi à la magnanerie avait été exécuté d'après l'appareil fort imparfait qui est joint à la *magnanerie-modèle*, plan en relief déposé dans quelques communes du département. Je ne tardai pas à comprendre toute l'insuffisance de cette machine, surtout pour la proposer comme modèle. D'après cette considération, entrant dans les vues d'amélioration qui sont le principe de l'établissement de la Ferme, je n'ai point reculé devant l'étude et les difficultés d'une nouvelle construction : j'ai changé cette année les moyens de ventilation. Le tarare que j'ai établi est fait sur le calcul qui dépense le moins de force motrice pour produire une action puissante. L'atelier contenant 350 mètres cubes d'air est vidé par son moyen en 8 minutes ; la vitesse du ventilateur étant de 60 tours à la minute, et celle de la roue motrice de 12 à 13, travail qu'un homme soutient assez long-temps.

Pendant le cinquième âge ont commencé des menaces d'orage, qui sont devenus fréquens et presque continus vers la fin. L'atmosphère s'est chargée de vapeurs aqueuses; dans l'atelier l'hygromètre est rapidement descendu de 20 degrés, pendant que le thermomètre avait une propension à s'élever. Cette température, lourde et tournée au sud, a amené un état critique de touffe que l'activité de la ventilation a écarté jusqu'au vingt-sixième jour de l'éducation. Dès la veille quelques vers précurseurs de la montée générale avaient indiqué la nécessité de mettre les premiers rameaux.

Dans ce moment décisif de succès ou de perte, une matinée brumeuse et d'un calme étouffant est venue augmenter les difficultés. L'air intérieur de la magnanerie s'est appesanti par une surcharge de gaz délétère que la force motrice ordinaire du ventilateur ne pouvait plus suffire à dégager. Les vers semblaient frappés de langueur. Dans cette crise, il n'y avait de salut à espérer que dans l'organisation des moyens salubres. Je quadruplai les forces motrices de la ventilation, et pendant que le tarare agissait avec une rapidité qu'il n'avait point encore eue, je fis chauffer quelques instans le calorifère et ouvrir toutes les issues inférieures qui pouvaient rapidement lui fournir une plus grande masse d'air. Cet air, purifié et dilaté par le feu se précipitait d'autant plus vite dans la magnanerie qu'il y était attiré par la ventilation. Bientôt les vers reprirent du mouvement et cette agitation qui annonce leur bon état de santé. L'éducation était sauvée. La ventilation continua, mais sans feu. Vers le soir il fallut nous hâter de mettre les bois, qui se couvrirent de travailleurs actifs.

Telle a été la difficulté et l'issue de ce moment de touffe. Les magnaniers savent combien il est redoutable au moment de la montée. La perte était imminente; on ne peut attribuer le salut qu'à l'énergie de la ventilation. Il est à remarquer que l'air avait pris dans l'atelier un mouvement assez rapide pour le faire fraîchir et opérer une baisse sensible sur le thermomètre.

Le fait dont nous rendons compte est d'un enseignement plus solide que si je n'avais qu'à signaler un succès acquis sans danger. Quoique nous n'ayons pas atteint un rendement aussi remarquable que celui de l'année dernière, ce qui vient de ce que les cocons ont été un peu plus légers; les chiffres que nous allons poser comme expression du produit, persuaderont cependant de la puissance des moyens salubres, et le feront beaucoup mieux que la simple assertion que je puis en faire.

La somme des feuilles non mondées et pesées sous les arbres, données aux vers à soie salubres, est de 5,080 kil.

Ils ont laissé en litière .... 1,615 »

Et ont produit en cocons .... 268 »

Ce qui met le rendement pour 800 kilog. feuilles :

En litière à 254 kil.

En cocons à 42 kil. 2 hect.

L'éducation comparative, ancienne méthode, a eu quelques jours de retard; elle aurait pu en avoir dix ou douze, mais la chaleur d'un poêle dans les commencemens et l'élévation naturelle de la température vers la fin, en ont dévancé le terme. Nous avons eu dans cette magnanerie, cette année, comme les années précédentes, la litière moisie, ce qui n'arrive pas dans la magnanerie salubre assainie par la ventilation.

Les vers ordinaires sont montés au bois du 31e au 32e jour. Ces six jours de retard sur l'autre magnanerie ont été une très-heureuse circonstance qui leur a fait éviter l'état de touffe qui a passé pour eux au commencement du cinquième âge, après un délitement complet, il ne leur a pas même été sensible; d'ailleurs, ces vers n'occupaient que la moitié du local; ils se sont ainsi trouvés dans la meilleure condition possible. L'expérience nous enseigne, en effet, que de petites éducations faites dans de vastes ateliers ont des chances probables de succès. A cet égard, il nous a été rapporté que des éducateurs, dont le nom fait autorité, pour obtenir les produits qu'on nous cite comme exemple de rendement à atteindre, n'élèvent jamais dans un local donné que la moitié des vers qui pourraient y être nourris. Pour dernière chance favorable aux vers ordinaires, ils ont atteint le moment de la montée en même temps que les vents N. O. se sont déclarés.

La somme des feuilles non mondées données à la maguanerie ancienne méthode, est de 850 kilog.

Les vers ont laissé en litière. . . . . 288 kilog.

Ils ont donné en cocons. . . . . 34 kilog.

Ce qui met ce rendement pour 800 kilog. feuilles :

En litière à 271 kilog.

En cocons à 32 kilog.

En comparant les deux éducations nous observons dans celle de la magnanerie salubre un moment de souffrance, que n'a point éprouvé la magnanerie ordinaire, nous voyons au contraire celle-ci avec des chances naturelles de succès que n'a pas eu l'autre; et cependant en résultat nous trouvons que, pour 800 kilog. feuilles données des deux côtés, les produits étant rapprochés, les vers salubres ont donné :

En cocons 10 k. 2 hectogrammes de plus,

En litière 17 k. de moins.

En traduisant ces expressions numérales de manière à être compris clairement des magnaniers accoutumés à se rendre compte par d'autres chiffres, autrefois nous aurions dit que les 20 quintaux de feuilles non mondées ont produit :

Dans la magnanerie salubre,	*Dans la magnanerie ordinaire*,
En cocons 105 liv. ½.	En cocons 80 livres.
En litière 625.	En litière 677.

C'est-à-dire que la magnanerie salubre a produit :

En cocons 25 livres de plus
En litière 42 livres de moins } que la magnanerie ord^re.

D'où nous concluons que même avec les dangers d'un état critique, pour une quantité donnée de feuilles, les vers à soie élevés par le système des magnaneries salubres, font tourner au profit de l'éducateur une plus forte portion de la dépense de consommation, et produisent dans l'atelier une moindre quantité d'élémens de fermentation.

Je crois utile de mentionner ici une observation, dont on peut tirer une conséquence qui n'est pas sans avantage. Pendant l'éducation salubre une petite portion de vers a été tenue constamment sur les gaînes de chaleur. Leur vie s'y est accomplie en 21 jours. Les cocons ont été bons, seulement un peu plus légers que ceux obtenus en 26 jours. Il en a fallu 20 de plus au kilogramme. Ainsi, un degré de chaleur élevé, quand il est sain, n'est point nuisible aux vers à soie.

La feuille conservée pendant l'éducation a été coupée au moyen du coupe-feuille, instrument très-expéditif et d'un grand secours. Suivant l'âge des vers à soie il coupe à volonté la feuille grosse ou menue : il dispense de la faire monder : un seul ouvrier avec cet instrument peut très-facilement préparer le repas d'un vaste atelier. Après avoir dit ses avantages, je dois indiquer les imperfections qu'il apporte des ateliers de confection. La charpente en bois est trop faiblement assemblée ; la trémie qui reçoit la feuille a les côtés trop bas, surtout celui du dehors ; le couteau n'est pas assez invariablement retenu dans une place fixe, ce qui occasione une manœuvre souvent fausse, d'où résultent des inconvéniens graves tels que ceux de tordre la lame ou de couper les montant de la charpente, et de ne pas travailler assez vite. Ces défaut sont été corrigés à la Ferme. Deux traverses de plus ajustées aux pieds de la machine en ont assuré la solidité; une planche ajoutée à la trémie l'a rendu plus commode; une gorge en fer assujettie par un écrou, en avant du couteau, lui trace une marche invariable et oblige l'ouvrier le plus mal avisé de couper la feuille lestement. C'est en la considérant avec toutes ces améliorations que j'ai vanté les avantages de cette machine, qui ne peut devenir populaire qu'en présentant solidité et facilité; telle qu'elle sort des ateliers du Pénitencier de Marseille, elle est trop fragile et trop peu commode. Il en coûterait peu pour y ajouter les améliorations indispensables.

Dans les comptes rendus des éducations précédentes des vers à soie, je me suis fait une obligation bien douce de proclamer les noms des élèves qui y ont participé avec le plus de distinction. Cette année je fais une mention d'autant plus honorable du jeune Chauvet que je lui ai confié la direction entière de la magnanerie, me réservant conseil et surveillance. Si je suis venu à son aide dans les momens difficiles, j'ai toujours trouvé en lui exécution intelligente, rapide et entière. Trois élèves lui ont été adjoints, afin que, sous sa direction, ils se formassent par son exemple. Henry Maurin, de Saint Cannat, a particulièrement partagé sa tâche et ses soins dès le commencement : les deux autres Louis Gibaud, de St-Cannat, et Martial Marillier, d'Allein, méritent aussi d'être cités pour leur assiduité et leur zèle; il y aurait toutefois injustice d'oublier que tous les autres élèves ont aussi contribué au succès obtenu en secondant les efforts de leurs camarades avec une émulation très-louable.

La Commission s'empresse de compléter ce compte-rendu par la situation financière des deux éducations, situation qu'elle a puisée dans les livres tenus à la Montaurone.

Éducation provençale.

Produit.....	F.	127 50
Frais.......		94 15
Bénéfice..	F.	33 35

Magnanerie salubre.

Produit.....	F.	907 10
Frais.......		521 30
Bénéfice..	F.	385 80

Ces résultats, quoique inférieurs à ceux obtenus l'an passé, sont cependant très-satisfaisans pour une année où les éducations de vers à soie ont été généralement si malheureuses. Une autre cause tout-à-fait indépendante des procédés employés, a influé sur le produit financier des vers à soie à la Montaurone, c'est le bas prix auquel les cocons se sont vendus. La différence en moins du prix obtenu cette année avec celui auquel ils se vendirent l'année dernière, est de 87 c. ½.

La Commission pense que M. de Bec doit être

affranchi dès l'année prochaine de l'obligation de faire deux éducations comparatives, attendu que les résultats de la méthode ordinaire sont toujours assez connus pour être appréciés, sans qu'il soit nécessaire de faire à la Montaurone une éducation provençale, qui d'ailleurs telle qu'on l'a fait peut être considérée comme une éducation perfectionnée, en comparaison des petites éducations où l'on suit aveuglément l'ancienne routine. L'éducation provençale imposée chaque année à M. de Bec, dans la vue de faire ressortir la supériorité de la magnanerie salubre, ne remplit pas entièrement le but à cause de sa semi-perfection. Ainsi l'éducation provençale de cette année a produit 87 livres de cocons, pour 20 qx. de feuilles et la magnanerie salubre 105 livres ½ ; la différence en faveur des nouveaux procédés n'est que de 18 livres ½, tandis que les éducations livrées à la routine ont été généralement au dessous de 40 livres, ce qui fait ressortir un avantage réel de 65 livres ½ en faveur de la magnanerie salubre.

Essais divers prescrits par M. le Ministre de l'Agriculture.

Dans un rapport à M. le Ministre de l'agriculture, communiqué à la Commission, M. le directeur de la Ferme-modèle rend compte de la manière suivante de trois essais faits à la Montaurone :

1° Du Riz sec de Manille,

2° Du Huano, comme engrais,

3° Des œufs de vers à soie importés de la Tartarie Chinoise.

Riz sec de Manille.

Malgré la satisfaction que j'aurais eue à répondre au désir manifesté par Monsieur le Ministre de l'Agriculture en me fesant parvenir la semence du riz sec de Manille, il m'est impossible d'annoncer un résultat. Ce riz était probablement avarié. Aucun grain n'a germé dans les divers essais qui en ont été faits; et quelle que soit la manière dont je m'y sois pris, je n'ai obtenu aucune plante. Une certaine quantité de grains mis dans l'eau, comme on aurait pu le faire pour essayer la force vitale de tout autre grain, ne m'a donné aucun signe de végétation, aucun développement qui pût indiquer un germe de vie. Au contraire, ce riz étant mouillé a donné une odeur de marée et de moisissure. Tous les grains, que j'en ai recherchés en terre dans les divers semis, m'ont donné la preuve de la même détérioration, ce qui me porte à conclure que des avaries causées, soit par la traversée, soit par toute autre cause, ont éteint dans cette semense le principe vital.

Huano.

Le huano a été à la Ferme l'objet de divers essais faits avec différentes semences. Il a, dans les uns comme dans les autres, manifesté une grande force d'action.

Les essais ont été établis ainsi qu'il suit comparativement avec d'autres engrais :

1er *essai.* Avoine de mars semée fin d'avril, partagée en deux portions:

L'une fumée avec huano,

L'autre fumée avec tourteau de graines oléagineuses.

Ces deux engrais étant mis dans la proportion de 5 kilogrammes par are.

2e *essai*. Seigle multicaule semé en mai.

Partie avec huano, dans la proportion de 5 kilog. par are;

Partie avec terreau, dans la proportion indiquée par l'usage.

3e *essai*. Madia Sativa. Il s'y est trouvé mêlée un peu de graines de colza; deux portions:

L'une semée sur huano, même proportion;

L'autre semée sans fumure.

4e *essai*. Pommes de terre semées.

Les unes avec huano à trou,

Les autres avec terreau, également à trou.

Le tableau suivant résume et met sous un seul coup d'œil le résultat de ces divers essais.

Végétation.

	Sur Huano.	**Sur Tourteau.**	**Sur terreau,**	**sans fumure.**
Avoine de mars,	très-belle,	un peu moindre	»	»
Seigle multicaule	très-belle.	»	moindre.	»
Madia Sativa,	insensible.	»	»	aussi belle qu'avec Huano.
Graines de Colza,	très-belle.	»	»	maigre.
Pommes de terre,	nul. pourries	»	très-belles.	»

De ce tableau de végétation, nous concluons que, sous notre climat, l'emploi du huano, comme engrais, serait d'un usage précieux pour les céréales, et un moyen puissant mis à la disposition de l'agriculture. C'est dans cette pensée que j'émets le vœu, dans l'intérêt agricole, que le commerce puisse trouver protection suffisante pour importer cet engrais et le mettre en concurrence avec les tourteaux et les divers fumiers que l'industrie s'efforce de produire

Vers à soie de la Tartarie chinoise.

Les œufs de vers à soie de la Tartarie chinoise paraissent avoir souffert par la longueur de la traversée, mais surtout dans l'envoi fait à la ferme dans un pli trop serré où les divers timbres, dont il était frappé, ont causé une avarie considérable. Une partie des œufs m'est arrivée écrasée, et le reste tellement aplati, que, lors de l'éclosion, la généralité des vers n'a pas pu sortir de la coque, dans laquelle on les voyait remuer. Par ces causes, je n'ai eu de bien éclos que 150 vers. Ces vers étaient faibles et languissans. Cet état de malaise semble s'être prolongé pendant toute l'éducation qui a toujours offert une grande inégalité. L'éducation a été de 23 jours. Il me serait difficile de préciser quel est le véritable terme de la vie de ces insectes comme chenilles. Elevés dans la magnanerie salubre, ils ont eu leur quatre mues; mais étant peu nombreux, et leur nourriture étant surabondante, il est possible que le moment de coconer ait été dévancé pour eux plus que pour les vers à soie de la Ferme.

Ces vers tartares-chinois se sont montrés sous deux aspects : les uns parfaitement blancs avec les stigmates qui caractérisent ces chenilles à peu près insensibles, soit sur le dos, soit sur la tête; les autres, d'un jaune qu'on ne saurait mieux comparer qu'à la couleur d'un cœur de laitue, n'avaient non plus aucun signe bien stigmatisé. Distingués naturellement par leur couleur, nous en avons fait deux catégories. Leurs produits n'ont pas offert la même distinction. Les uns et les autres ont fait des cocons d'un jaune vif et brillant, dont le bouton d'or peut donner l'idée. Quelques cocons blancs s'y sont trouvés mêlés.

Le cocon est petit, d'une forme régulière, légèrement déprimé par le centre. Quelques-uns sont restés mal faits ou peu finis. En masse, leur poids est léger. Il en auraitfallu de 7 à 8 cents pour le kilogramme (les cocons de vers milanais se comptent de 675 à 700 au kilogramme). La faiblesse du poids peut venir de la petitesse de la chrysalide ou de l'état des vers. Avec des œufs mieux conservés on peut espérer des résultats préférables. Mais pour se livrer en grand à l'éducation de cette variété nouvelle de vers à soie, il serait important pour l'agriculteur de résoudre la question de l'emploi de cette soie très-prononcée en couleur. Le commerce voudra-t-il la recevoir? J'ai présenté un échantillon des cocons à une filature; elle les a repoussés comme soie grossière. Cependant on livre au commerce des produits séricicoles, qui nous paraissent ne pas avoir le degré de finesse qui domine dans le cocon des vers tartares-chinois.

Pensant qu'il y aurait intérêt à poursuivre, au moins encore pendant une éducation, les expériences relatives à ces vers à soie, j'ai fait choix des cocons les mieux faits pour en obtenir les œufs; le papillon est sorti le dixième jour. Le hasard m'ayant donné peu de femelles, la quantité d'œufs obtenue n'est pas très-forte, mais bien suffisante pour faire une éducation qui fasse apprécier les produits.

Élèves Boursiers. — École rurale.

L'école rurale établie à la Montaurone, est en ce moment le côté le plus appréciable de la Ferme-modèle. Les progrès des élèves dans l'étude de l'art agricole, de la grammaire, du calcul et des premiers élémens de physiologie végétale et de chimie, sont très sensibles. C'est toujours avec un plaisir nouveau que la Commission de surveillance se livre chaque année à l'examen des élèves attachés à cet établissement. On ne saurait, sans éprouver une certaine émotion, entendre des enfans de simples agriculteurs dont les pères sont presque tous illitérés, répondre souvent sans hésiter à des questions variées, sur les diverses branches des connaissances humaines dont on leur a enseigné les élémens. Ce spectacle est plus surprenant encore, lorsque les questions portent sur la chimie, la physique, et la physiologie végétale. Les termes de la nomenclature chimique dans la bouche du cultivateur pur sang, sont une véritable nouveauté, alors surtout qu'il est évident que les élèves s'en servent à propos, qu'ils en connaissent bien la définition, et qu'ils ont assez profité des leçons reçues pour expliquer certains faits physiques qui ont rapport à l'agriculture, tels que la nutrition des plantes par la circulation de la sève, la fécondation des fruits par le pollen, l'influence désastreuse des brouillards sur les récoltes de céréales par l'action du soleil à travers les gouttes d'eau. L'effet nuisible de l'oxigène, sur le lait, les huiles, les viandes, etc. etc. La Commission n'entend pas proclamer que les élèves de l'école rurale établie à la Montaurone savent la physique, la chimie et la botanique. Mais elle se plaît à constater qu'ils commencent à comprendre le langage scientifique, qu'ils sont bien fixés sur la valeur des mots en général; et en ce qui concerne les principes les plus élémentaires de ces sciences, ces jeunes gens en ont assez bien saisi un certain nombre pour se mettre en état d'expliquer la plupart des phénomènes ordinaires dont il importe à l'agriculture de connaître les causes. Il a paru à la commission que l'instruction scientifique élémentaire donnée à la Montaurone, et dirigée plus spécialement vers son application à l'agriculture, était bien entendue. Cette bonne direction se manifeste d'une manière assez évidente dès l'instant que des jeunes gens entièrement dépourvus d'instruction au moment de leur arrivée à la Montaurone, peuvent, après deux ans, répondre comme l'ont fait les élèves de l'école rurale, aux questions qui leur ont été faites le jour de l'examen. Ce n'est pas dans une institution créée dans le seul but de former de bons maîtres-valets, ou des fermiers intelligens, qu'on doit s'attendre à trouver la haute instruction qui se donne à Roville ou à Grignon ; mais c'est déjà beaucoup que de jeunes paysans sachent, dans si peu de temps, pourquoi les produits des plantes de la même famille végétant à côté les unes des autres s'abâtardissent, pourquoi certaines natures de sol se fendillent en se desséchant, pourquoi la gelée fait fendre les pierres, pourquoi le soleil après un brouillard brûle les grains de blé dans les épis, comment le lait s'aigrit, comment les viandes se gâtent, comment l'huile rancit, etc. etc. ; faire ainsi arriver une classe de la population, jusques à ce jour si étrangère à l'instruction scientifique, à en apprécier les avantages, c'est là un véritable progrès.

M. de Bec ayant fait l'avance de la somme de 200 fr. que la Commission s'était réservé de distribuer aux élèves sur celle de 400 fr. votée dans ce but par le Conseil-général du département, cette distribution a eu lieu immédiatement après l'examen; elle a été faite par M. Aude, président de la Commission, qui, dans une allocution bien appropriée à la circonstance, a engagé les élèves à perfectionner les connaissances déjà acquises par une persévérance dans leurs études. Les primes d'encouragement réparties selon le mérite de chaque élève constaté à la suite de l'examen ont été accordées aux élèves dont les noms suivent :

1re Classe.

Sciences....	— Chauvet	F. 30		
»	Laurin	20		
Agriculture.	— Aron	25	F. 100	
Labour....	— Blanc	15		
»	Salen.........	10		

2me Classe.

Sciences ...	— Gibaud	F. 20	
»	— Broudet........	10	
Agriculture.	— Maurin........	20	F. 60
»	— Brun	10	

3me Classe.

Sciences ...	— Morilliers	F. 15	
»	Teris.........	10	
Agriculture.	— Gernis........	5	F. 40
»	Artaud........	5	
»	Rigoard	5	
	TOTAL..............		F. 200

D'après le traité fait avec M. de Bec, six élèves boursiers payés par le département, devaient former le noyau des élèves de l'école rurale, et M. de Bec était autorisé à recevoir directement d'autres élèves à telles conditions qui seraient à sa convenance et à celles des parens. La Commission voit avec peine que, sur les 14 élèves qui forment en ce moment le personnel de l'école rurale, le département ne compte que deux boursiers; d'où il résulte qu'une forte partie de la somme affectée pour les élèves boursiers, reste chaque année sans emploi ; ce vide provient probablement de la difficulté que rencontre l'administration du département à trouver des élèves pour en pourvoir la Ferme; il paraît à la Commission, Monsieur le Préfet, que, dans cette situation, il serait convenable d'accepter la proposition faite l'an passé par M. de Bec, de se charger d'entretenir toujours dans la Ferme six élèves au compte du département, moyennant un abonnement de 2,100 fr. par an. Cette proposition avait été approuvée par le Conseil-général dans sa dernière session, et on a de la peine à s'expliquer pourquoi elle n'a pas reçu d'exécution. Du reste, voici en quels termes M. le directeur s'exprime sur l'école rurale dans son rapport à la Commission du second trimestre 1842. Cette citation complétera ce qu'on vient de dire sur l'école rurale.

Les conditions du traité ne portent obligation que pour la réception de six élèves. Réduite à des proportions si limitées, l'instruction agricole ne m'a pas paru devoir arriver assez vite au progrès; d'ailleurs, dans cette spécialité, comme dans toute autre, tous les sujets se présentant et s'y consacrant, ne sont point appelés à comprendre avec le même degré d'intelligence. Tous ne deviendront pas des hommes utiles avec la même capacité. Sur six, qui occuperaient pendant trois ans les places de l'école, il est probable qu'on ne pourrait en compter qu'un nombre moindre comme aptes à devenir chefs d'exploitation, soit comme fermiers, soit comme régisseurs. D'autre part, à ne prendre les choses qu'à la teneur du traité, les élèves étant en petit nombre et pour un temps déterminé dans la ferme, il n'en sortirait des sujets à placer qu'à des époques très-éloignées, surtout si les réceptions s'y faisaient en masse, comme elles ont eu lieu en principe. Le public agriculteur qui attend, espérant trouver, dans ces jeunes gens sortant de la Ferme, une ressource pour la direction d'une exploitation, se lasserait d'une attente trop longue, il perdrait bientôt de vue la Ferme et son institut. Le bien que peut produire l'établissement serait annulé; il pourrait en outre résulter d'un renouvellement intégral le grave inconvénient de laisser l'école dans la plus complète désorganisation. Ces considérations d'ordre et de bien public, m'ont déterminé à augmenter le nombre des élèves. Leur admission, se faisant au fur et à mesure qu'ils se présentent, j'ai la prévision, dans les conditions de l'engagement qu'ils contractent avec moi, de déterminer l'époque de leur sortie, de manière que l'avenir de l'école se perpétue, et qu'à partir des premiers sortans chaque année, la Ferme puisse avoir un nombre assuré d'élèves prêts à entrer dans la carrière qui leur est destinée. Déjà l'école compte quatorze élèves. La quinzième place va être occupée au mois d'août prochain; ils sont échelonnés de manière à sortir de cinq en cinq.

A mesure que le personnel de l'institut augmente nous avons senti le besoin d'établir ordre et division dans la distribution des études : il était impossible que les derniers venus participassent à la même instruction que reçoivent les plus anciens, ni que ceux-ci recommençassent pour attendre les autres.

Sans rien innover dans la direction imprimée par la commission, les études sont ainsi réparties :

La première classe est celle des débutans; elle confond tous les élèves admis dans le courant de l'année. On les y exerce à mettre en pratique l'instruction qu'ils apportent chacun de leur école, en les habituant à débrouiller leurs idées et à les exprimer soit par l'écriture soit par le calcul.

La seconde classe, formée des élèves qui composaient la première pendant l'année précédente, joint à l'exercice des mêmes pratiques l'étude élémentaire de la chimie agricole et celle de la physiologie végétale.

La troisième classe, qui comprend actuellement les élèves les plus anciens de l'institut, s'occupe de la comptabilité et commence d'en faire l'application à la pratique. Ils reçoivent en outre des notions spéciales sur la connaissance des terres et sur l'emploi des assolemens.

L'année prochaine les jeunes gens de cette classe verront le complément de la comptabilité avec rendement de compte, et recevront des notions suffisantes d'arpentage. En achevant d'entrer dans l'économie agricole, ils seront instruits sur les devoirs des régisseurs et sur les obligations des fermiers. L'âge plus réfléchi des élèves de cette classe, leur plus prochaine sortie de la ferme m'a fait réserver pour cette époque ce genre d'instruction qu'ils n'auraient point goûtée dans les commencemens et qu'ils apprécieront, certainement avec d'autant plus de fruit, que l'émulation sera excitée en eux et que l'intérêt de leur avenir les occupera davantage.

Allocations de fonds.

Ainsi que nous l'avons fait observer en parlant de l'école rurale, deux seuls boursiers du département font partie des élèves attachés à l'établissement. Il résulte de ce fait que M. le directeur n'a touché en 1841 que la somme de 700 fr., au lieu de celle de 2,100 fr., que le Conseil-général avait affectée à cette destination. C'est une allocation de 1,400 fr. qui eût pu être utilement dépensée et qui reste sans emploi. Il serait à désirer qu'il fût pris des mesures, pour que cet état de chose ne se prolongeât pas indéfiniment. Il ne s'agit pour cela que de charger M. de Bec de présenter lui-même des sujets pour remplir les bourses créées par le Conseil général, si on ne veut pas consentir à l'abonnement proposé par M. de Bec, moyen qui serait bien préférable.

La Commission a aussi vu avec peine qu'une somme de 150 fr., sur le logement des élèves, et une de 300 fr. pour les émolumens du médecin attaché à la Ferme, soient encore dus à M. le directeur. Ces allocations ayant été votées par le Conseil-général, on ne peut attribuer le retard que M. de Bec éprouve dans cette rentrée, qu'à la lenteur des formes administratives en fait de régularisation des dépenses; la Commission prie Monsieur le Préfet de donner des ordres pour que ces sommes légalement dues à M. le directeur, lui soient payées le plus tôt possible, attendu que ces dépenses font partie de l'exercice 1841.

RÉSUMÉ.

Si je suis parvenu à me faire bien comprendre dans l'exposé des faits que je viens de mettre sous vos yeux, Monsieur le Préfet, on doit en tirer les conclusions suivantes :

1° L'établissement d'une Ferme-modèle dans les Bouches-du-Rhône répond à un des premiers besoins de l'agriculture provençale ;

2° La Ferme-modèle départementale établie à la Montaurone est en voie de progrès, et exerce déjà une influence salutaire sur l'agriculture du canton de Lambesc, influence qui peu à peu s'étendra sur tout le territoire du département;

3° L'école rurale dirigée par M. de Bec donne les plus belles espérances, l'examen des élèves ayant démontré qu'il en sortira bientôt des maîtres-valets ou des fermiers capables de suivre avec intelligence les travaux d'une exploitation ;

4° La tenue des écritures en parties doubles laisse encore à désirer, non pour l'exactitude, mais sous le rapport moral, c'est-à-dire dans l'ordre où les faits y sont inscrits, dans la manière dont les comptes sont ouverts;

5° La magnanerie salubre continue à produire

des résultats supérieurs à ceux obtenus par la routine. Des perfectionnemens apportés par M. de Bec au mode de ventilation adopté dans les magnaneries du nord, ont permis cette année de combattre avec succès cet état morbide de l'atmosphère des ateliers, occasioné par la trop grande chaleur, appelé communément touffe dans le midi;

6° Enfin sur divers essais tentés pour l'introduction de plantes nouvelles, quelques-uns, au nombre desquels il faut placer en première ligne celui du madia, ont parfaitement réussi.

Tels sont, Monsieur le Préfet, les faits les plus importans qui se sont révélés aux yeux de la Commission de surveillance, dans ses rapports avec M. le Directeur de la Ferme-modèle. Leur ensemble présente la situation de cet établissement sous un jour très-favorable; mais ce qu'il y a de plus satisfaisant dans cette situation c'est qu'elle est encore grandement susceptible de s'améliorer. Vivement préoccupé jusques à ce jour de l'organisation matérielle de son établissement, M. de Bec n'a pu encore porter une égale sollicitude sur la partie morale; le moment est arrivé sans doute où le Directeur sentira le besoin d'entrer dans cette voie. La Commission ne saurait trop l'y engager. Le Directeur d'un pareil établissement n'est pas seulement un propriétaire qui exploite son bien, dans la vue de lui faire rendre le plus possible, il est aussi un homme public, qui doit compte à la société des principes qui dirigent ses opérations, des résultats qu'il obtient, des mécomptes même qu'il éprouve. Pour pouvoir bien remplir une tâche aussi difficile, pour se mettre à même de présenter les faits au public de la manière la plus saillante, la plus facilement appréciable, la méditation du cabinet est indispensable. Dans les champs on recueille les faits, on est sans doute bien à portée de les constater, de les voir dans leur vrai jour; mais c'est dans le silence du cabinet seulement, qu'il est possible de les rapprocher, de les coordonner entre eux et surtout de les contrôler par les chiffres, qui eux du moins disent toujours la vérité. On peut bien en suivant constamment les travaux, leur donner une impulsion plus active et amener, dans le courant de l'année, une économie de quelques centaines de francs sur le prix de la main-d'œuvre; mais ce n'est qu'en interrogeant souvent la comptabilité en partie double, ce miroir qui réfléchit avec la plus grande fidélité toutes les opérations de la Ferme, qu'on peut arriver à connaître les cultures qui donnent profit et celles qui donnent perte. C'est dans le travail méditatif du cabinet seulement, qu'un directeur de Ferme-modèle, la carte de son domaine sous les yeux, le compas à la main, consultant tout à tour le tableau des différentes espèces de sol dont il se compose, les notes recueillies avec soin, dans les champs, les comptes des diverses récoltes, celui des engrais disponibles, pourra se faire une idée exacte de l'ensemble de son exploitation, arrêter avec confiance l'assolement qui convient le mieux à sa position et découvrir les réformes qui sont à faire.

Si Monsieur le Directeur entre dans cette voie, et personne mieux que M. de Bec n'en possède les moyens, on peut sans crainte de se tromper prédire à son établissement un brillant avenir.

Pour copie conforme au Rapport approuvé par la Commission de Surveillance, dans sa séance du 29 août 1842.

Le président,	Le secrétaire,
AUDE.	M. PLAUCHE.

MARSEILLE. — TYPOGRAPHIE DES HOIRS FEISSAT AÎNÉ ET DEMONCHY, Imprimeurs de la Ville et du Commerce, rue Canebière, 19.

www.ingramcontent.com/pod-product-compliance
Ingram Content Group UK Ltd.
Pitfield, Milton Keynes, MK11 3LW, UK
UKHW022134260726
13993UKWH00003B/1431

9 782329 260617